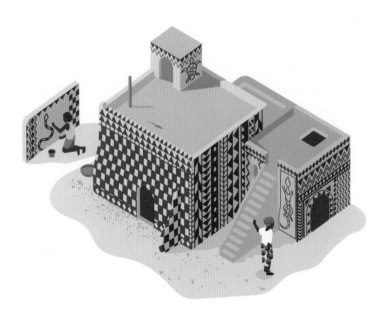

一本书让孩子了解人类建筑史

HABITER
LE MONDE

世界上各种各样的房子

[法]安妮·若纳斯/著   [法]卢·里恩/绘   周琦/译   邓烨/审定

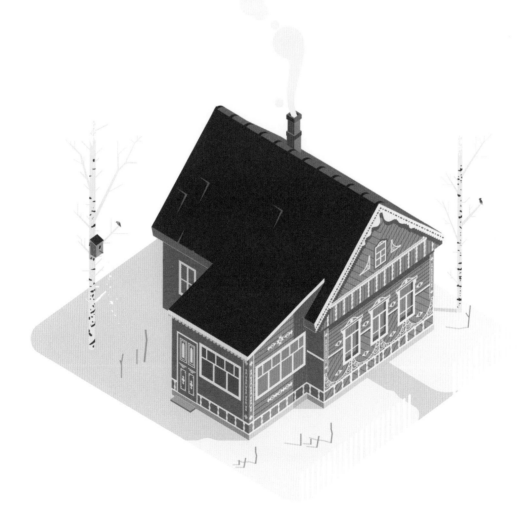

中信出版集团|北京

图书在版编目（CIP）数据

世界上各种各样的房子 /（法）安妮·若纳斯著；
（法）卢·里恩绘；周琦译 . -- 北京：中信出版社，
2021.6

ISBN 978-7-5217-2839-2

Ⅰ . ①世… Ⅱ . ①安… ②卢… ③周… Ⅲ . ①建筑—
儿童读物 Ⅳ . ① TU-49

中国版本图书馆 CIP 数据核字（2021）第 034076 号

First published in France under the title:

Habiter le monde

By Anne Jonas and Lou Rihn

© 2019, Éditions de La Martinière, 57 rue Gaston Tessier, 75019 Paris.

Simplified Chinese rights are arranged by Ye ZHANG Agency (www.ye-zhang.com)

Simplified Chinese translation copyright ©2021 by CITIC Press Corporation

ALL RIGHTS RESERVED

本书仅限中国大陆地区发行销售

世界上各种各样的房子

著　者：［法］安妮·若纳斯
绘　者：［法］卢·里恩
译　者：周琦
审　定：邓烨
出版发行：中信出版集团股份有限公司
　　　　　（北京市朝阳区惠新东街甲 4 号富盛大厦 2 座　邮编　100029）
承　印　者：北京九天鸿程印刷有限责任公司

开　　本：787mm×1092mm　1/16　　印　　张：4.5　　　字　　数：110 千字
版　　次：2021 年 6 月第 1 版　　　　印　　次：2021 年 6 月第 1 次印刷
京权图字：01-2020-2917
书　　号：ISBN 978-7-5217-2839-2
定　　价：68.00 元

出　品　中信儿童书店
图书策划　红披风
策划编辑　刘杨
责任编辑　刘杨
营销编辑　金慧霖　陆琼　张旖旎
装帧设计　吴思龙

出版发行　中信出版集团股份有限公司

服务热线：400-600-8099　网上订购：zxcbs.tmall.com
官方微博：weibo.com/citicpub　官方微信：中信出版集团
官方网站：www.press.citic

感谢帕特里克·K。
　　　　——［法］安妮·若纳斯

感谢昂丁的支持。
　　　　——［法］卢·里恩

我们建造的每一所房子，
都是一次新的模仿，
从某种意义上讲，
是在重复世界的创造。
　　　　——［美］米尔恰·伊利亚德的《宗教思想史》

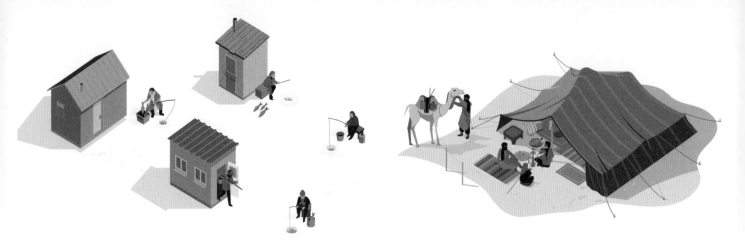

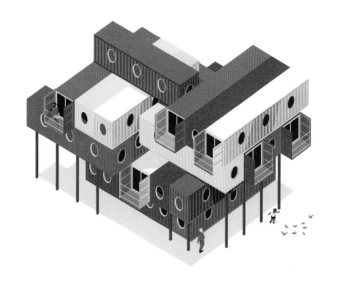

制造阴凉

一直以来，总有些人会选择在某些酷热的地区定居，人们也因此发现了许多保持住所凉爽的诀窍。

躲进悬崖下

在 12 世纪，美洲印第安人中的阿那萨吉人居住在悬崖下，免受日光直射。

庭院

在 6000 年前的美索不达米亚平原，围绕内部庭院建造的房屋就已经存在了。之后，在埃及、中国、希腊和罗马也出现了庭院，再之后，西班牙人还将它带到了南美洲。庭院为什么如此盛行呢？ 这是因为庭院创造了一种微气候。四面环绕的墙壁可以为内部空间遮挡阳光，并且在白天也能稍保留住夜晚聚积的冷气。如果院内有池塘和植被，会感觉更加凉爽。

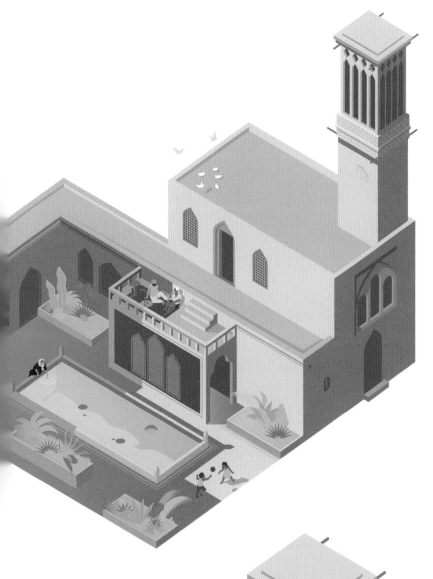

木格窗

自中世纪以来，阿拉伯的建筑师就在一些沿街的阳台上安装了木格窗，这样一来，室内减少了阳光直射，而且风能从这些窗上的小孔进入屋里。过去，人们常常在家中放置装有水的多孔壶，通过水的蒸发来给房间降温，木格窗和多孔壶的作用类似。

风塔

很多年前，伊朗人发明了风塔，并沿用至今，它可是最古老的空调！这个造型奇特的"烟囱"有很多开口，房屋上方的风进入风塔，在风塔内部通道中经过自然降温后进入房屋内部，驱散热气。同样的原理，凉气进入地下室可用于保存食物甚至冰块！

白色外墙和圆顶

众所周知，黑色吸收热量，而白色吸收热量很少。这就是在炎热的国家，房屋经常被刷成白色的原因。在希腊，房屋每年都要粉刷一层石灰，这种从石灰岩中获取的物质还有天然的防腐性。至于圆顶，无疑是最能抵抗太阳辐射的屋顶形状。

窄街

如果房屋间距离减小，则墙壁暴露在阳光下的面积就减少。房屋内部的温度随之下降，且在室外也能保证在阴凉下行走……

厚墙

在沙漠地区，白天很热，而晚上则非常冷。那里的房屋墙壁很厚，门很小也很少，这样能够保持室内温度相对稳定。

住在屋顶上

在炎热的国家，许多房屋都带有屋顶露台。人们在屋顶晾衣服、水果、蔬菜，在屋顶聊天、吃饭，而当夜晚实在太热时，甚至可以在屋顶睡觉！

用泥土盖房

泥土房屋（例如非洲的小屋）的优点是白天升温缓慢，夜间降温也缓慢。

对抗严寒

　　生活在两极地区，生活在高山上，或者冬天很寒冷的地方，人们需要能够适应当地气候的住所。这样，即使在极端低温的冬天，也可以免受寒冷折磨！

对抗酷热和严寒：方法一样！

　　在一些炎热的地区，房屋的门通常很小，而且墙很厚，这是为了尽可能地保持凉爽的温度。然而，在一些气温远低于 0℃ 的地区，方法竟然是一样的！墙至少 1 米厚，窗户很少，这样可以使热量保存在房屋里。

红色木房子

在瑞典，有时气温会降到 -40℃以下。那里的房屋通常由木材建造而成，因为木材储量丰富而且具有良好的隔热性。为了防止木材腐烂，要定期在表面涂抹一层油漆和碎石粉的混合物。与普通涂料不同，这种红色混合物可以保护木材并使其透气。通过这样的维护，瑞典的房屋可以使用超过 400 年！

离地而建

在斯堪的纳维亚，木制房屋一般建造在石基上，这样做既可以与地面隔绝开，也可以避免在积雪融化时房屋产生位移。

草皮屋顶

草皮屋顶在斯堪的纳维亚历史悠久，如今被越来越多地运用到现代建筑中。这个设计很简单：用土壤和草皮代替石板、瓷砖、茅草或木材，来建造屋顶。这些屋顶气密性高且防水，同时非常抗风和防火。

雪屋

因纽特人生活在加拿大北部和格陵兰岛南部，这些地区极其寒冷。在他们的语言中，房屋被称为"igloo"。冬季，猎人就住在这种奇特的圆顶雪屋里。建造雪屋，需要先在地上挖出一个大坑，然后在周围把雪砖按螺旋状堆叠起来。融化的雪会把雪砖互相连接起来，再结冰时就形成了一个整体。进入雪屋要通过一条小小的地下通道，它可以阻止冷风进入屋子，从而御寒。

人们在雪屋中能取暖吗？嗯，这是完全可以的，而且方法很巧妙！雪屋最多可容纳 20 人，人们身体的热量和用来照明的油灯的热量会使内壁薄薄的一层雪融化，而由于寒冷，融雪又会立即冻结！这个过程重复几次后，会产生一种极好的隔热层，能使内部温度升至 15℃，而在外面，是 −45℃！

住在山坡上时

在山上，房子可不是随意盖的。屋脊，也就是屋顶两侧相交的部分，总是与山的斜坡平行，且门朝着山谷的方向。房屋的二层用来储存干草，一层用来居住，干草如同一层厚厚的保温层，为住在下面的人们保持温暖。

14

在山区，几乎所有的房子都建造在光照更好的一面斜坡上，我们称之为"阳坡"，在古法语中这个词的意思是"好的一面"。反之，"阴坡"一词的意思是"黑暗"。阳坡的温度比阴坡的温度要高。

陡斜的屋顶

石板、木头、黏土、茅草……人们利用附近能找到的材料搭建屋顶。屋顶的四周延长出来，这样屋檐下面的空间可以放东西，同时可以抵御恶劣的天气。屋顶的坡度非常陡，这是为了雪可以直接滑落到地上，而不会积压在屋顶破坏房屋。要当心，当雪结成冰时，其重量可以达到每立方米900多千克！

抵御风雨

地球上，有些地方的房屋需要抵御狂风暴雨，它们用各自的方式做到了这一点……

保持干燥

在印度尼西亚，夏季季风期间的降雨强度非常大，甚至可以引起洪涝灾害。因此大部分房子都建在木桩上。这种干栏式建筑有很多优势：远离淤泥、积水和蚊子，防潮性好，并且由于门窗很多，通风良好。

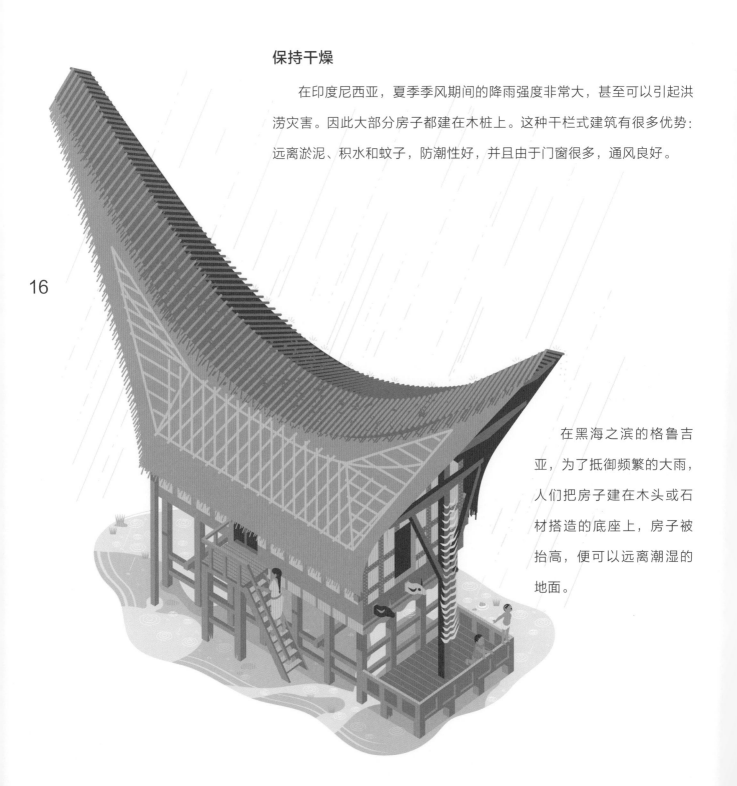

在黑海之滨的格鲁吉亚，为了抵御频繁的大雨，人们把房子建在木头或石材搭造的底座上，房子被抬高，便可以远离潮湿的地面。

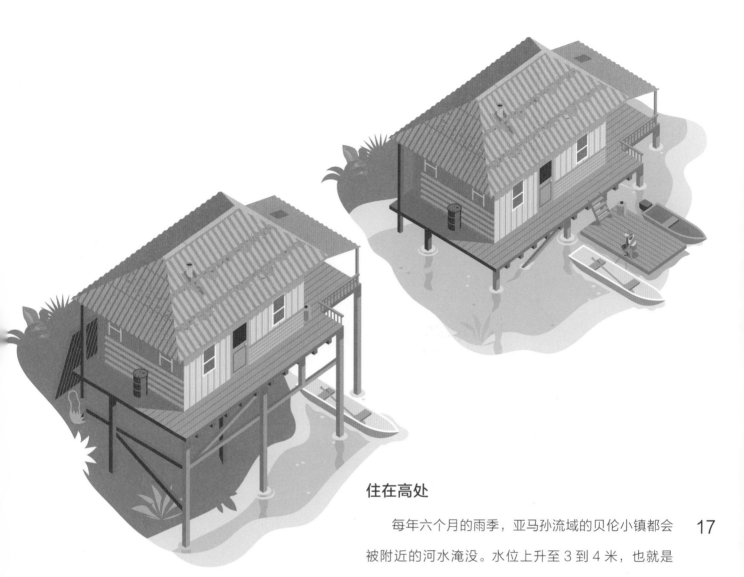

住在高处

每年六个月的雨季，亚马孙流域的贝伦小镇都会被附近的河水淹没。水位上升至 3 到 4 米，也就是房屋木桩的高度。居民就把船停泊在房子门口！

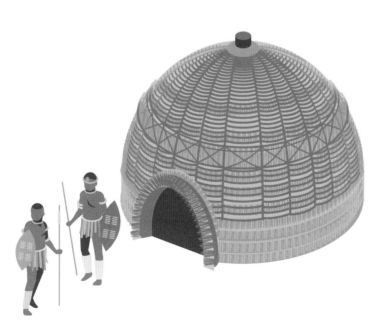

草房

在非洲南部，祖鲁人用十种左右不同的草本植物编织成房屋的圆顶和墙。夏天，植物收缩变干，形成自然的通风空隙。冬天，雨水使植物膨胀，因此可以防雨。

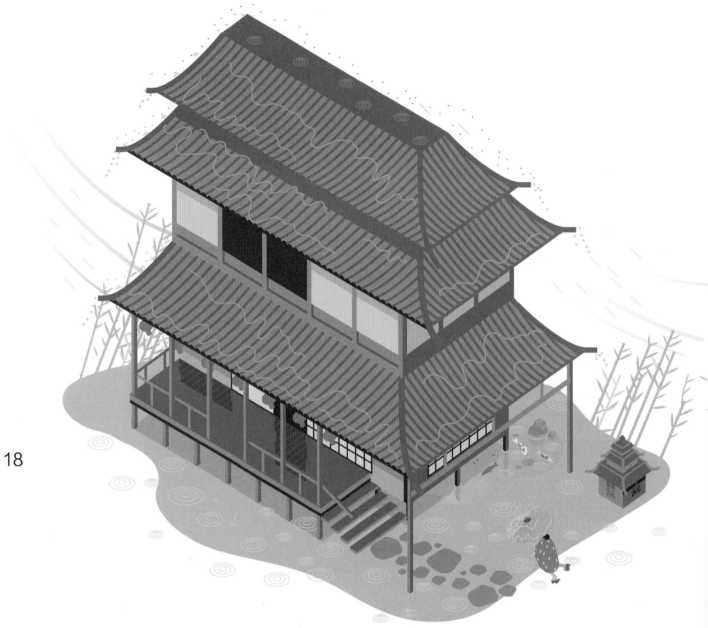

走廊

　　当下大雨或刮大风时，围绕房子四周建造的大型走廊对墙体有着绝佳的保护作用。这种走廊在世界各地随处可见：例如，在留尼汪岛，"游廊"属于室内起居空间的一部分；而在日本，这种走廊被称为缘侧，更像是在外部搭建的一个迷你露台。在恶劣天气下，该走廊可以用活动面板完全封闭起来，并为房屋提供第二道保护。

屋顶

　　一句英语谚语说，要抵御雨水，房子必须有"好靴子"和"好帽子"。在多雨的地方，屋顶必须要使用防水材质且坡度要大，这样才能使雨水快速流下。在中国和日本，有的屋檐在末端还会上翘：这使得屋子里更加明亮，并且雨水滴落的位置会更远，从而降低墙壁的损坏程度。

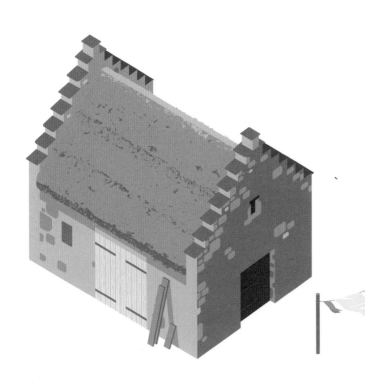

奇特的屋顶

在阿尔卑斯山某些农场的屋顶上，我们可以看到奇特的阶梯式山墙，这是做什么用的呢？这些屋顶上的阶梯式山墙被称为"麻雀的跳跃"或"小鸟的脚步"，用于保护茅草屋顶。多亏了它们，屋顶才没有被强风吹跑。

摇摆的楼

在建造摩天大楼时，风对建筑师而言是一个主要问题，因为风的强度会随着高度的增加而增大。当建筑物被狂风袭击时，它会向一侧摆动，然后回到平衡中心，再向另一侧摆动，由此造成的后果十分严重。位于中国台湾地区的台北 101 大楼有近 510 米高，在建造时为了避免大风引起的加速摆动，建筑师想出了一个奇怪的主意：寄希望于一种最初用于防止船只颠簸的装置。一个重 660 吨的可摆动大球被放置在大楼 87 层和 92 层之间，通过摆动产生巨大的平衡力，从而减缓强风或地震引起的大楼晃动。

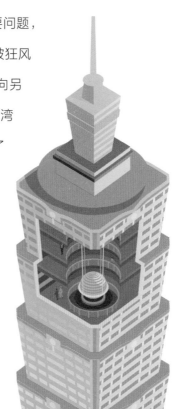

抵抗地球的怒火

　　火山喷发、海啸、飓风、地震……自然灾害通常是不可预测的。但是，在建造房子时，可以采取一些预防措施。

不是哪里都能建房

　　为了避免房屋因自然灾害而损毁，要做的第一件事当然是不要随处建房！需要避免火山斜坡、雪崩频发点和受灾点、洪水的河床、特别容易受强风影响的地区，以及地震频发的地区。

当地球颤抖时

　　地震导致伤亡的主要原因是建筑物倒塌。因此，在高风险地区，房屋必须选择抗震结构。首先要遵守的原则：选择简单的建筑形式，如正方形或矩形。事实上，如果发生大地震，这种结构更有可能安然无恙。而 L 形或 U 形等复杂建筑物则更容易受到震动，更加容易受损。变形而不会崩塌，这是建筑师们追求的目标之一！

一个古老的办法

　　由于木制房屋重量轻，即使倒塌，造成死亡的可能性也很小。除此之外，木头非常坚固，柔韧性也很强，经过扭曲后可以恢复原状。在发生地震时，某些木制房屋会波动和扭曲变形，但不会断裂，这可是一个巨大的优势！日本人已经习惯于每年经历数千次地震，他们从很久以前就是抗震建筑的大师。作为世界上最古老的木制建筑之一，他们的木塔——五重塔依然屹立不倒！

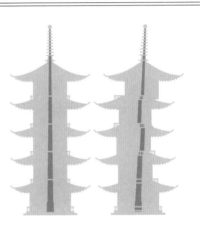

"蛇舞"

　　五重塔有五层，每层之间并不是牢牢固定在一起的。这正是它在任何情况下都能保持稳定的秘诀：当地震发生时，如果第一层向右倾斜，则上一层将向左倾斜，第三层再向右倾斜，依此类推……这种神奇的"蛇舞"蕴含着精妙的建筑技巧：木塔中央的支柱起到了建筑物脊柱的作用。

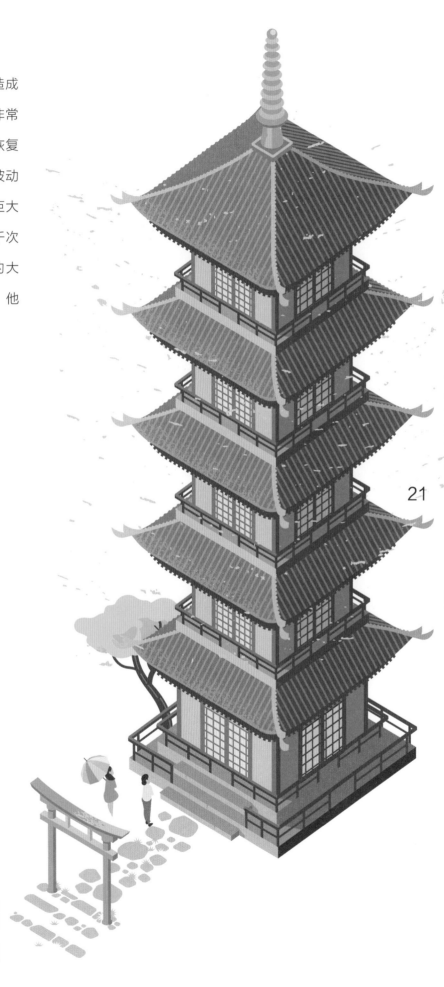

21

摩天大楼会跳舞

　　日本人曾用于建造木塔的抗震建筑技法，如今在建造摩天大楼中也得到了应用。东京晴空塔高634米，其内部的中心柱使它在2011年的大地震中安然无恙。

人们很早就知道了

　　建造能够抵御地震的建筑，这是人们自古以来就关注的问题！正因如此，我们今天才仍然可以欣赏到建造于15世纪且经受了200多次地震的北京故宫。还有位于秘鲁的印加遗迹马丘比丘，它在15世纪被建造于海拔3400米高的山脊上。它的庙宇和宫殿由10到15吨重的石块精准地堆叠而成，完全不需用砂浆。当发生地震时，这些石头会随着颠簸而移动，然后恢复到原来的位置……仿佛在跳舞一样！

23

应急房屋

　　每年，由于自然灾害、战争和饥荒，许多人无家可归，需要紧急搬迁。除帐篷营地外，新的解决方案也在不断涌现。其中包括建筑师坂茂设计的纸管房，它具有抗风防雨、成本低廉、易于安装和运输等优点，现已在全球范围内建造。

融在风景中

最初，人们用附近很容易找到的材料建造房屋，即泥土、石头和木头。这种传统在世界各地一直延续下来，在很多情况下，这些房屋与周围的景观融为一体，甚至"消失不见"……

树屋

巴布亚新几内亚的科罗威人住在 35 米高的树上。每个房屋可容纳十几个人，可免受蚊子、邻居等的侵扰！

植物材料

24

全球很多地区都拥有丰富的木材资源，凭借柔韧性强、轻便、加工简单等特点，木材从建筑业一出现就被应用其中。但木头并不是唯一用于建筑的植物。在太平洋岛国瓦努阿图，传统的房屋是用棕榈叶、竹子或编织的藤条建成的，而屋顶则是用茅草建造的。这些房子没有窗户，地面是土壤或珊瑚礁。

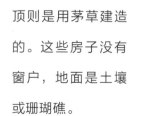

用泥土建造

泥土是最容易获得的材料，因为它就在我们的脚下！即使到了今天，世界近一半的人口仍居住在泥土建造的房子中。泥土有三种加工方式：用手塑形，制成砖块，或与稻草混合制成柴泥。不同地方的泥土颜色不同，所以房屋的颜色也不一样。这样一来，房屋便与周围的景观融为一体了。

生态圆顶屋

如今，利用泥土建造房屋的新方法不断涌现。其中有些非常令人惊讶，例如由泥土袋相互堆叠建造而成的圆顶房屋。这种"生态圆顶"是由出生于伊朗的建筑师纳迪尔·哈利利发明的，制造成本低廉，非常坚固耐用，而且易于拆卸。在过去的40年中，生态圆顶屋不仅用于搭建紧急建筑，还在世界各地得到了广泛应用。

用石头建造

石头比泥土更难加工，通常被用作建造纪念碑。但人们也用石头建造房屋，特别是在山区，那里石头很容易获取，而且石头房屋可以抵抗恶劣的气候条件。

藏在风景中

为什么不住在洞穴中呢？其实，穴居人就是在地下或山上挖出的洞穴中居住的。

佩特拉，山谷中的城市

为什么在公元前4世纪，纳巴泰人要在一个只有通过狭长通道才能进入的山谷中建造佩特拉古城呢？原因很简单，这里易守难攻，是存放战利品和躲避土匪的绝佳地点。要想进入古城，必须在100多米高的峡谷之中走很长时间，有些地方还不足3米宽。如此隐蔽的城市被遗忘了将近1000年一点儿也不奇怪……

住在地下

不仅可以在山谷中挖掘洞穴来建造房屋，还可以像挖井一样在地面上垂直挖掘洞穴。在利比亚的盖尔扬市和突尼斯的迈特马泰地区就有这样的地下穴居房屋。

有趣的泡泡

在非洲南部，也有穴居房屋。在莱索托的科梅洞穴村，奇特的穴居房看起来就像大气泡，是由泥土和牛粪建成的。这些房屋建于19世纪，至今仍有人居住。

千年古城

　　在土耳其的卡帕多西亚地区，一座座造型奇特的圆锥形小山是洞穴房屋的所在地，这些房屋已有 3000 多年的历史。这里的火山岩比较柔软，因此挖掘房屋和家具只需要几天。但这还不是全部，除了这些山洞中的房子外，该地区还有近 200 个地下城市，其中有的城市有上下 8 层，超过 80 米深！ 最大的地下城德林库尤建于约公元前 5 世纪，最多可容纳上万人。它被使用了长达 13 个世纪，曾是第一批被罗马迫害的基督徒的庇护所！

创造新风景

有时候，人们决定在人迹罕至的地方建造自己的居所，这样就创造了新的风景……

围海造地

荷兰四分之一的领土都位于海平面以下。自中世纪以来，荷兰人一直试图填海造陆。他们创造了圩田，如今有一半以上的荷兰人居住在这些人工土地上。这些圩田中的水被持续不断地抽出，导入沟渠，然后被排入运河，最后进入大海。以前，抽水和排水依靠风车，现在实现了电气化。没有这套抽水排水系统，荷兰将在不到 48 小时内被淹没！而这片由人工创造的土地景观还在不断变化着……

人工岛

要创建人工岛，可以在一个天然岛的基础上扩建，可以在珊瑚礁上建造，还可以把现有的几个小岛连接起来。

人工岛

　　由于海岸线很短，迪拜在 2001 年决定扩大其海岸面积，并为此建造了棕榈岛——一个巨大的人工岛群。其中的朱美拉棕榈岛，由一个像棕榈树干形状的人工岛、17 个棕榈树枝形状的小岛以及围绕它们的环形岛三部分组成。该岛深入波斯湾 5.5 千米，可容纳 70000 人和 1500 艘船。

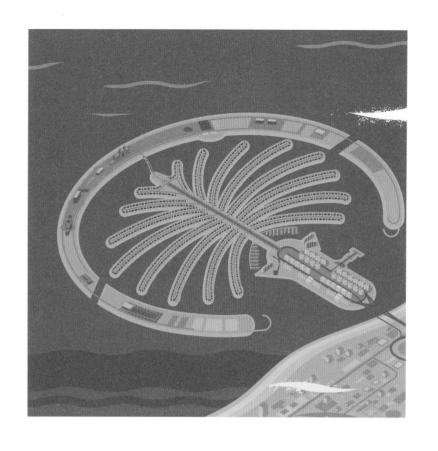

新城市

　　一般来说，一个城市的兴起往往是在历史的发展过程中缓慢演变的结果。然而，有些城市是经过详细规划，在几乎空无一物的大地上，花费很短的时间建造完成的。印度旁遮普邦和哈里亚纳邦的首府昌迪加尔就是这种情况，它是在 1947 年印度独立后决定兴建的。法国建筑师勒·柯布西耶制定了该城市的总体规划：有第 1 至第 60 区（因建筑师认为 13 不祥，故没有 13 区，此外其他区都依次命名），且绿化带从北向南贯穿整座城市。还有巴西利亚，它于 1960 年起正式作为巴西的新首都，建在海拔 1100 米的高原上。整座城市的造型就像一只飞翔的小鸟，象征着和平和对未来的希望。自1990 年以来，全球共涌现了 700 多个新城市。

住在城市

300 年前，世界约有 6.5 亿人，其中只有 7% 居住在城市中。如今，我们有超过 70 亿人，其中一半以上是城市居民，而且这些数字还在增长……

村子、城市、大城市

一个地方需要有多少居民，我们才不再称之为乡村，而是一个城市？在法国，至少需要 2000 人。但这个数字在每个地方都不一样：西班牙为 10000 人，阿尔及利亚为 20000 人，日本为 45000 人。拥有 1000 万人口的城市被称为"超大城市"，世界上一共有 30 多个，其中人口最多的城市是日本的东京，拥有约 3800 万人口。

最早的城市

在以狩猎采集为生的时代，人类过着游牧的生活，随着寻找食物的路线而迁徙。然而在新石器时代，人类发展出了农业和畜牧业，一切都变了！人类有了固定的住所。随着村庄转变为城市，世界上最早的城市文明也逐渐发展。位于安纳托利亚的加泰土丘建立于约 7000 年前，是最早的定居地之一，反映了定居村落向城市聚居地的转变。

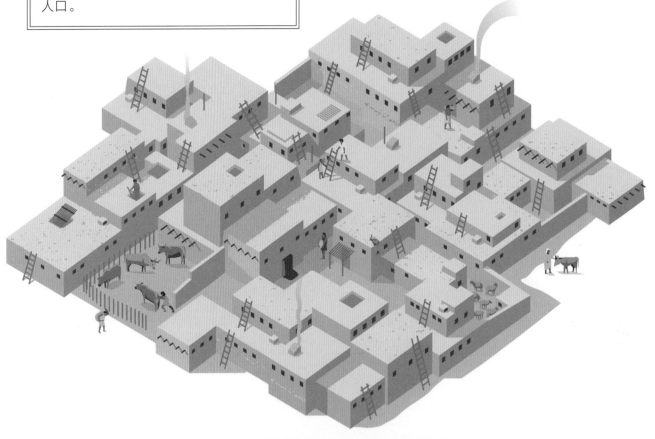

回到过去

在城市中漫步就像时光旅行，因为不同时代的建筑在这里共存。位于美国圣弗朗西斯科的彩绘女士，是 19 世纪末建造的一排维多利亚式木屋，在摩天大楼的映衬下十分醒目。

悲惨的住处

在贫穷的国家，城市不断吸引着新的居民，他们希望在此过上比乡村更好的生活。不幸的是，一旦到了城市，他们只能住在贫民窟里，贫民窟用塑料、铁皮、帆布、木板等临时材料搭建而成，没有供水、供电或排水系统。今天，据说有将近十亿人生活在贫民窟里。

31

城市扩张

20 世纪，随着高楼和摩天大楼的出现，城市开始纵向延伸。但为了容纳更多的人，城市也在横向扩展，比如郊区——一片环绕市中心的广阔地带。在泰国清迈的郊区，就建设了很多一模一样的房屋。

住在人烟稀少的地方

　　隐居以自保，遁世以修行，收获沙漠的礼赠，护卫海洋的安宁，不汲汲于名利……有许多理由使人们居住在与世隔绝的地方。

隐居以自保

　　在五个世纪前的西非，马里的多贡人来到邦贾加拉悬崖上定居。悬崖长约 150 千米，非常难以到达。对于他们来说，这是保护自己免受入侵者侵害且保持传统身份的好方法。

遁世以修行

　　遁世是在修行中找到内心宁静的一种方式。印度的普加塔佛教寺庙建于 12 世纪，坐落在崖壁上，像是镶嵌在悬崖里。那里海拔 3900 米，大约有 60 名僧侣，他们必须走上三天才能到达可以通车的道路！

悬空的修道院

　　在希腊中部的卡兰巴卡镇附近，矗立着一群巨大的岩石山峰。从 14 世纪开始，岩顶上陆续建造了几座东正教修道院，它们被叫作迈泰奥拉，意为"悬空的修道院"。直到 1920 年，人们才在峭壁上凿出台阶，使僧侣更容易进出。在此之前，他们只能通过绳子拉的吊篮上下。

沙漠中的歇脚处

绿洲是沙漠中最美丽的惊喜。由于淡水的存在，这些地方土壤肥沃，人们因此能够在此种植作物并定居。许多绿洲在商路的发展中起着至关重要的作用。的确，如果没有它们，沙漠商队不可能在不吃不喝的情况下穿越一望无际的沙漠！绿洲不仅存在于非洲，西亚、南美、中国也有绿洲分布，例如拥有2000多年历史的月牙泉风景区。

海上哨所

灯塔在很久很久以前就存在了，它通过发出信号来指示危险的海域或港口的入口。在过去很长一段时间里，灯塔里需要有人常驻，而现在几乎完全自动化了。在过去，那些守塔人把公海上的灯塔称为"地狱"，岛屿上的灯塔称为"炼狱"，而将海岸上的灯塔称为"天堂"。

寻找黄金

人们为什么要住在海拔 5200 米的荒凉高山上呢? 拉林科纳达位于秘鲁安第斯山脉中部, 是世界上最高的城镇。在 20 世纪 90 年代之前, 这里还只是一个普通的营地。然而 30 年后, 这里有近 8 万人, 他们住在简陋的铁皮房里, 没有自来水也没有暖气, 他们只有一个希望: 找到印加人所说的"太阳的汗水"——黄金。

世界最北端的小镇

挪威的新奥尔松是世界最北端的小镇。这个曾经的采矿小镇现在已成为国际北极科考基地, 在 24 小时都是白天的夏季, 这里最多可容纳 150 人……

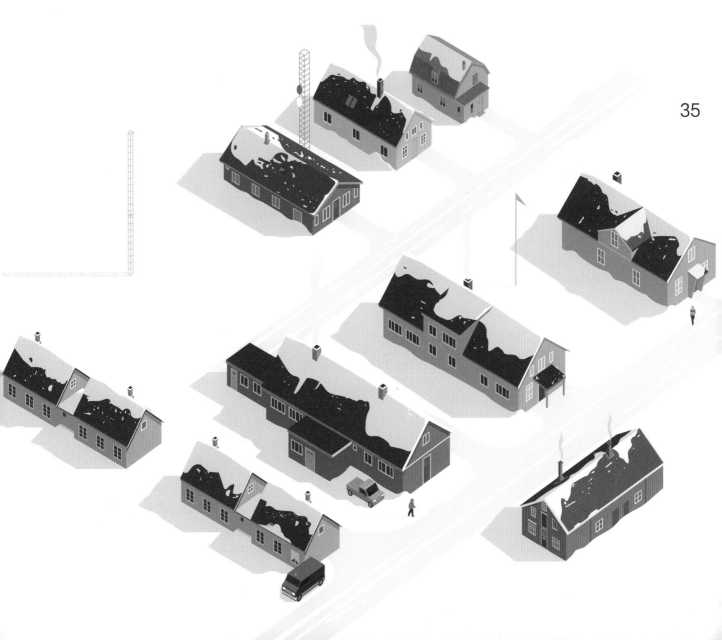

越来越高的建筑

虽然有些建筑在周围的环境中很不显眼，但有些建筑却高到一眼就能看到。为什么要建造高耸入云的建筑呢？

展示权力

当然，建造高楼可以用来防御敌人或者获取更多空间，然而，不止如此……在古代，塔楼一直是权力、财富和统治的象征，这样的例子不胜枚举。中世纪时期，在意大利的圣吉米尼亚诺小镇上，每家每户都想建造最高的塔楼。结果，到了 14 世纪末，这个小城竟拥有 72 座塔楼，而且其中一些高度超过 50 米！

古罗马人早就开始了……

面对城市住房需求的增长，古罗马人发明了公寓楼，这是最早的出租屋之一！这些用木材和柴泥建造而成的楼房可达 7 层，高约 30 米。这些房屋很简陋，没有供水，没有壁炉，窗户上甚至没有玻璃。

越建越高

　　虽然最早的高层建筑可以追溯到古代，但建筑师们很快遇到了一个无法解决的问题：建筑物的高度受到自身重量的限制，无法支撑过高的高度，因为石头太重了。然而在 19 世纪，新的材料出现了……1885 年，由于使用了钢铁和铸铁，加之电梯的发明，第一座摩天大楼在芝加哥拔地而起。

天际线

　　天际线这个词的字面意思是"天地相连的交界线"，它是指城市中的摩天大楼在天空中绘制的轮廓。人们经常谈论纽约壮丽的天际线！

38

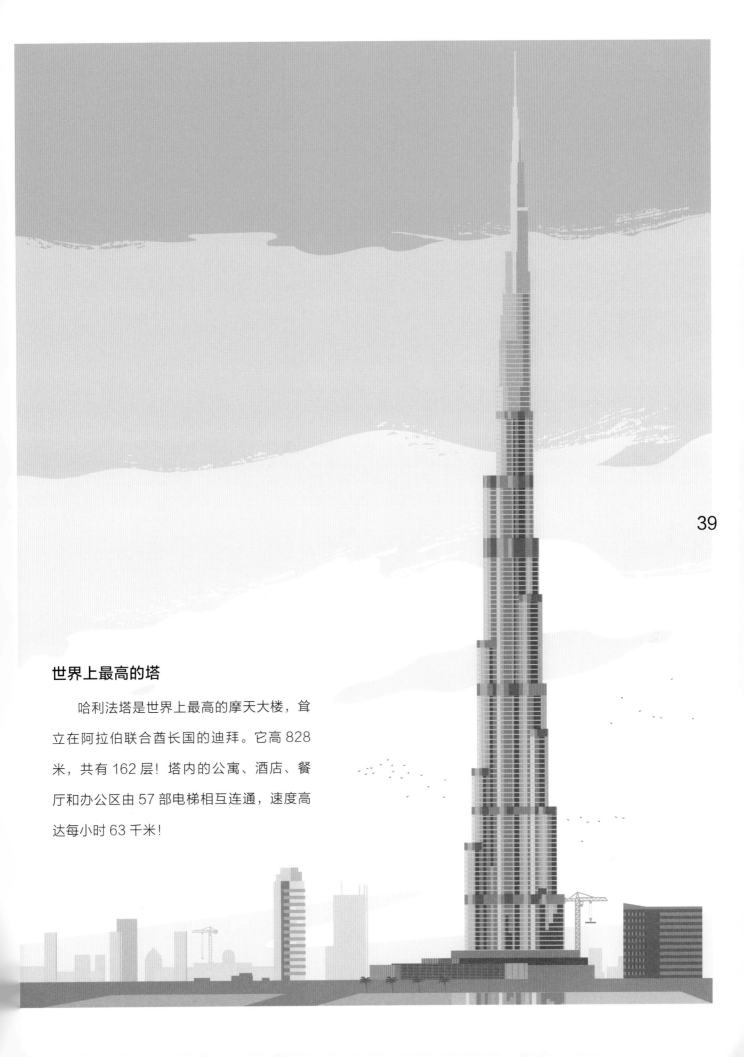

世界上最高的塔

　　哈利法塔是世界上最高的摩天大楼，耸立在阿拉伯联合酋长国的迪拜。它高 828 米，共有 162 层！塔内的公寓、酒店、餐厅和办公区由 57 部电梯相互连通，速度高达每小时 63 千米！

五颜六色的房子

黄色、红色、蓝色、绿色……世界上有些人不遗余力地用鲜艳的色彩来装饰自己的房屋，好让它们在建筑的大花园中争奇斗艳。

40

不光为了漂亮

在中世纪，很少有人识字，所以在有的地方，人们会用特定的颜色来粉刷房屋，这样在村庄或城市里，人们能够一眼就辨认出房子的用途。比如，在法国的阿尔萨斯，面包师的房子像成熟的小麦一样是黄色的，铁匠的房子像火炭一样是红色的，木匠的房子是蓝色的，而石匠的房子是奶油色的。

蓝色的城市

焦特布尔位于印度北部，被称为"蓝色之城"。最初，这座城市是众多婆罗门的家园，婆罗门是古印度社会中等级最高的成员，他们的房屋因其蔚蓝的色彩而引人注目。此外，蓝色在高温天气时有助于保持建筑物内部较低的温度，而且传说还有驱蚊的作用。

新身份的象征

　　17 世纪，荷兰人在开普敦建立了殖民地，并将奴隶带到那里，其中主要是马来人。后来，马来人的后裔在俯瞰城市中心的山丘上建立了波卡普区。那里的房子被涂上了非常鲜艳的颜色。这是他们新身份的象征，因为相传在奴隶制时期，他们的祖先只能穿白色衣服。

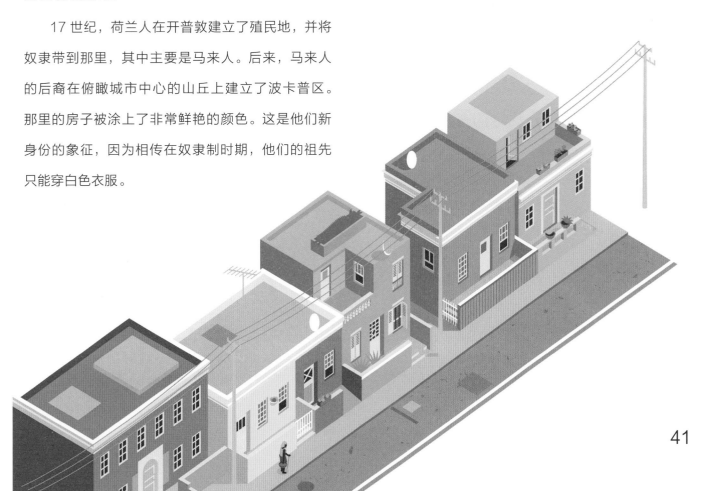

五彩斑斓

　　瓦尔帕莱索是智利的一个港口城市，它无疑是世界上最色彩缤纷的城市之一，并且原因令人十分意外。原来，那里的房屋是用黏土和稻草的混合物建造而成的，为了保护它们，那里的居民开始用从港口捡回来的钢板铺装房子，并渐渐形成了一种习惯。但是，由于这些废金属板容易生锈，人们便开始用刷船底的油漆来粉刷房屋，这种油漆色彩鲜艳，而且不易掉漆！

水上的房子

　　湖泊、河流或海滨，对于那些想住在水边的人来说，水从来都不是障碍。相反！自史前时代以来，人们想出了许多方法来改造这些地方，并在那里定居。

芦苇屋

　　在伊拉克南部，底格里斯河和幼发拉底河交汇形成了一片巨大的沼泽，那里生活着"沼泽阿拉伯人"。他们生活的环境类似6000年前的苏美尔人的，他们居住在芦苇屋里。芦苇屋是一种漂浮的房屋，用沼泽中的芦苇编织、捆扎而成。这些房屋所在的小岛也是用芦苇和压实的泥浆建成的。居民们乘坐小船出行。

42

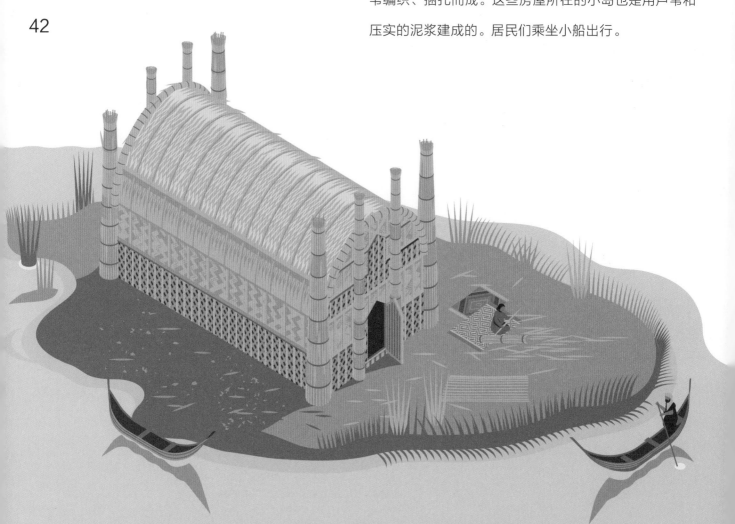

浮村

    下龙湾位于越南东北部，拥有近 2000 个小岛。在迷宫般的石灰岩柱间，有着令人惊叹的村庄：他们的房屋建在由空桶拼成的平台上，空桶间通过渔网连接固定。除此之外，人们过着和外面一样的普通生活，忙着去商店，去咖啡馆，去市场，去银行，去学校……只不过这些场所都建在船上。

水上街区

    在荷兰，自从几个世纪以前创造了圩田，人们一直努力在海上开辟新土地。但是现在，趋势开始逆转：人们开始接受与水共处，在水面上建造带有房屋和花园的完整的漂浮街区。

44

住在桥上

桥梁是城市中特殊的通道，然而在有的桥
上，人们建造了商店和房屋。在中世纪的巴黎，
每一座桥上都建满了房屋，就像真正的街道一
样。随着大城市空间的日益稀缺，这种古老的
做法再一次在世界范围内被探索和研究。

建在木桩上

　　最早建于湖泊、河流和海边的房屋，其历史可追溯至史前时代。多亏了这些房屋，它们的居住者才得以免受入侵者的侵扰，而且人们只需要打开房门就可以钓鱼。建造方法非常简单：将木桩深深地插进地下，在上面搭建一个平台，随后在平台上就可以建房了。就像这样，在一个由几百万根木桩组成的"森林"之上，人们建成了水城威尼斯！

45

能迁移的房子

在人类早期，人们不得不频繁地迁移居住地来寻找食物。时至今日，仍有一些人在旅途中会带着他们的房子。

住在帐篷里

涅涅茨人生活在北极圈附近。这些游牧的牧民以驯养驯鹿为生，为了给驯鹿寻找地衣作为食物，他们每年迁徙的路途超过 1000 千米。他们住在圆锥形的帐篷里，这种帐篷的地面上铺有地板，中间有一根支柱，周围再用大约 30 根柱子做骨架，外面罩上厚厚的毛毡和驯鹿皮。建造一个可容纳 15 人的帐篷，只需要不到两个小时！幸好如此，因为涅涅茨人在同一个地方停留的时间从来不超过六天……

风帆帐篷

维佐人是马达加斯加的一个种族，被称为"海上牧民"，因为他们经常出海钓鱼。他们的独木舟上装有风帆，在沙滩上停留时可以用来搭建帐篷。真方便！

会移动的房屋

在美洲，建筑物通常是用木材或轻质材料建成的，把房屋移动几米甚至几千米是一种相当普遍的做法。如何做到呢？在卡车上搭建一个平台，把房屋抬到上面，再用卡车拖走。有时候还能移动一座教堂，甚至一栋高楼！

轻盈的房子

图阿雷格人是北非的游牧民族。他们不停地在撒哈拉沙漠中迁徙，为牧群寻找牧场和水源。当停下来时，他们会搭建帐篷，帐篷是用骆驼、绵羊或山羊的毛皮缝制编织的，搭帐篷只需要不到一个小时。

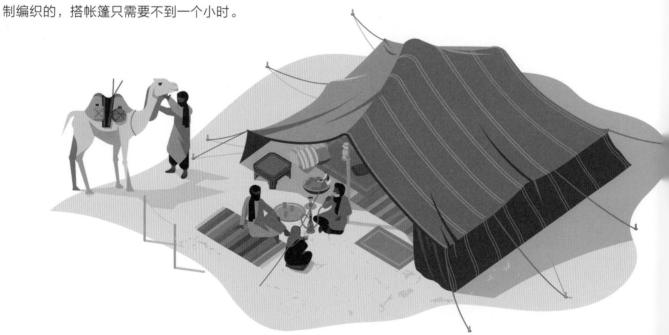

方便搭建的房子

　　今天，蒙古有三分之一以上的人住在蒙古包里。经过了近 2000 年的游牧生活，这里的人们已经能够创造出完全符合其需求的住所。蒙古包可以使他们免受寒冷侵袭，也非常易于运输和组装，为他们提供了一个舒适的居住环境。

49

不常住的房子

有些房屋只是偶尔有人居住，比如在假期。那还有其他类似的房子吗？

垂钓小屋

"冰钓"是指通过在冰上凿洞来钓鱼。加拿大的安大略省有超过25万个湖泊，那里的钓鱼爱好者们把小木屋搭建在冰面上，甚至可以在屋内的地板上开一个洞口，这样在温暖的床上就可以钓鱼了！这些垂钓小屋聚集在一起，就像一个真正的小村庄一样，而当冰雪融化时，村庄就散了。

第二居所

一年中有要到另一套房子住几天的想法并不新鲜。古时候的罗马人对于一直住在城里已经开始厌倦了，他们喜欢去乡间别墅。后来，在文艺复兴时期，威尼斯的富人们在城市附近建造了豪华的第二居所。这种花园别墅在法国也有，并且随着铁路线路的增加而进一步普及。在旅游业的带动下，第二居所也不断加速发展。如今，法国人成了世界上最钟爱第二居所的人，他们平均每年有42天都住在那里。

住在高处

在夏季，山区里的牧群会被带到高海拔的牧场。这种做法十分普遍，因此，用干燥的石头搭建的临时房子仅在每年的这个时候有人居住。

乡间别墅

很多俄罗斯人都在郊区拥有一栋小木屋作为乡间别墅，木屋里通常没有水和电，城里的居民只在周末和节假日去那里暂住。

谁来建房子

　　建筑师这一职业并不是一直存在的。即使在今天，世界上很多房屋都是在没有建筑师的情况下，根据前人的经验建造的。

女人建的树叶小屋

　　俾格米人生活在赤道附近的非洲热带森林里，他们以采集和狩猎为生，穿梭在广阔的土地上。令人意外的是，在这个过程中，是女人们建造了住所——一种树叶小屋。她们先把细长的树枝弯成半圆形，然后把树枝的末端扎进地下，再把大树叶铺在树枝搭成的架子上。她们觉得树叶小屋的造型就像是穿山甲的鳞片，而穿山甲正是该部落所崇拜的动物。有时候，这种防水性极好的小屋只使用一晚上。

从未完工……

　　阿拉伯有一句谚语："完工的房子就是死房子。"在也门首都萨那，房屋的外墙不变，而房子内部却在不断变化。有些家庭增加了家庭成员，便会从邻居那里购买房间，整个房子的面积和布局也因此随之改变。

一起建长屋

在东南亚的婆罗洲岛上，有一种传统的房屋叫作长屋。长屋长达100多米，一百多个家庭住在同一个屋檐下，就像一个独立的村庄。长屋是当地传统的干栏式建筑，是由村民们一起用竹子搭建的。居民们大部分休闲时间都在长屋的一个长廊上度过，这里是他们的公共区域。长廊一头连着一个长露台，另一头为独立的房间。当长屋容纳不了越来越多的人时，该怎么办呢？把它延长，然后再连起来就行啦！

专业建筑师

今天，建筑师负责设计建筑、绘制图纸，并指导施工。但是，这个职业过去并不是这样的。从古希腊时期到文艺复兴时期，那些被称为"木匠大师"的人只会被邀请设计一些重要的建筑，例如大教堂或城堡。而普通人则都是根据前人的经验自己建造房屋。到16世纪，法国人才开始使用"建筑师"这个词，该词源于意大利。随后，一些资产阶级开始邀请这些"建筑思想家"们建造房屋，他们希望自己的房子也能富丽堂皇，以显示他们的财富和高雅。

祈求平安的装饰

为了防止厄运进入家里，人们总是很有创造力：比如在家里挂一块马蹄铁，或者在地基里埋点有象征意义的东西……今天，大多数类似的迷信做法已经不再流行，但是也有一些祈求安宁的做法延续了下来……

马蹄铁

传说在中世纪的英格兰，有一天铁匠迎来的一位顾客，要求给他的马钉上马蹄铁。铁匠认出了这个人是魔鬼，就设法把马蹄铁钉在了他的脚上，要去除它们只有一个条件：魔鬼必须发誓永远不再踏入悬挂马蹄铁的房子。这也是马蹄铁造型门环的起源。实际上，门上的马蹄铁早就不只是护身符了，来客还可以通过叩动门环来通知主人自己的到访。

屋顶上的守护神

在中国，传统住宅的屋顶上装饰着许多奇特的神兽。龙可以行云雨、防火灾，骑凤仙人寓意逢凶化吉，其他的脊兽也有各自的寓意。

邀请幸福进门

在印度，村民们经常在家门前绘制蓝果丽。这是一种用彩色大米粉绘制而成的地画，是为了邀请财富和吉祥天女进入他们的家。1500多年来，这一传统代代相传，一直由母亲传给女儿。

庆祝竣工

很多地方都有一个传统，为了庆祝房屋建造竣工，会在屋顶上放一束装饰性的树枝或一棵树。这种习俗在北欧和美国仍然存在。

彩绘的房子

提埃贝勒是位于布基纳法索南部的一个小村庄，卡塞纳人从15世纪开始就生活在那里。每年，在雨季来临之前，女人们都会在房屋的外墙上画满图案作为装饰。这可不仅是为了看起来漂亮，还希望他们免遭厄运。此外，蜥蜴经常出现在这些图案中，它们对卡塞纳人来说是生命的象征。如果一座新房子还没有被蜥蜴到访过，人们是不会搬进去住的。

可再生的房子

　　在建筑中，如果抛开泥土、石头、木头等这些常用的建材，还有其他可用的材料吗？有些东西除了常用功能之外，我们何不尝试一下开发其新的用途呢？

100%可回收

　　用纸板建房子？是的，现在它成了可能！这是荷兰阿姆斯特丹一个名为虚拟工厂的工作室设计研发的成果。想要更大的房屋面积，只需要把车间里制造的独立模块连接起来就可以了。这种用纸板层层包裹的房屋具有许多优点：它不需要地基，有良好的隔音和隔热效果，100%可回收，使用寿命预计可达100年。此外，我们还可以把它建在任何地方！比如在花园里，开阔的田野中，海边，甚至是房顶上……

集装箱住宅

2001 年，一个奇特的社区出现在伦敦。这里的建筑像乐高积木一样，由一个个集装箱拼接而成，而这些集装箱原本是用于海上货物运输的！此后，这个创意吸引了世界上许多国家纷纷效仿，不仅是多层建筑，很多单独的住房也是这样建造的。它比传统房屋便宜，并且装置非常迅速，因为每个集装箱已经有墙壁、地板和屋顶了。

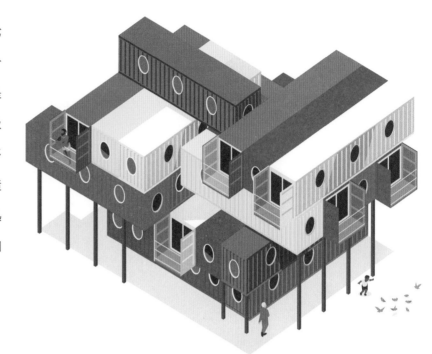

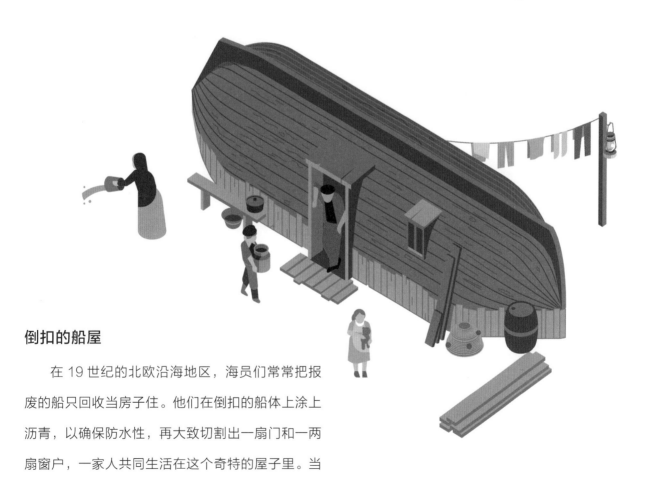

倒扣的船屋

在 19 世纪的北欧沿海地区，海员们常常把报废的船只回收当房子住。他们在倒扣的船体上涂上沥青，以确保防水性，再大致切割出一扇门和一两扇窗户，一家人共同生活在这个奇特的屋子里。当地人还给它起了个形象的名字"空中龙骨"。

大家一起住

在居住空间日益稀少的大城市里，房子一般由单身人士、夫妻或父母带孩子一起居住。也有时候，住的人会更多……

全村人住在一起

在中国的福建省，有一种神奇的堡垒般的建筑：土楼。土楼形成于宋元时期，通常位于稻田或烟草田的中间。土楼纵向分隔，每个家庭像橘子瓣一样分隔开来，最多可容纳800人。厨房位于一层，而人们通常在中间的大院里准备饭菜。此外，土楼里还有祖堂、戏台和厅堂。

可以改变大小的房子

在亚马孙雨林里，亚诺玛米人生活在环屋中。环屋呈一个大大的圆形，可供整个部落约400人居住，中间的空地用于举行仪式、聚会和游戏。每个家庭都有足够的空间来悬挂吊床和准备食物。环屋可以根据居住者的人数扩大或缩小。

多代同堂

在越南首都河内的老城区里，房子都很窄！但它们的长度可达 100 米，有 5 层楼高。这种令人震惊的筒子楼底层是商铺，上面几层则像家族树一样分布：年龄大的老人住在楼下，他们的孩子住在楼上，依次类推…… 一代人住一层。父母、孩子、叔叔、阿姨、祖父母甚至曾祖父母……他们一起生活在这座随着新生命诞生而不断变化着的房子里。

和谐而简单的日式房屋

传统的日式房屋采用天然材料建成，十分轻巧、朴素，传达了一种和谐与简单的生活哲学。下面咱们一起去看看吧！

使用时间短

在许多文化中，房屋象征着永久和传承，但在日本，房屋的使用寿命只有 30 年左右。此外，在日本，房屋被继承时，有些继承者会把原有的房子拆掉，再重新建造自己的新房子。日本的建筑遵循着便捷和简约的哲学理念，家具很少，也几乎没有装饰。

日本庭院

60

可调整的空间

传统的日本房屋是用木头和纸建造的。房屋内部的空间可以根据一天中不同的时间和人数来进行调整，只需要移动障子（可拉式糊纸木制门窗）即可实现。这样不仅可以透光，也保护了隐私。

屋内和屋外

日本人把他们的家当作港湾。一个被称为缘侧的走廊被视为外部与内部之间的界限。日本人进门前在缘侧脱掉鞋子，因为他们认为在屋内的言行举止不能跟在屋外一样。除了精神层面，日本人对于洁净的追求也是日本生活艺术的一个基本方面。比如在进洗手间时需要换上一双专用拖鞋……

榻榻米

榻榻米是由稻草编织而成的，不仅可以铺在地板上作为保护层，还可以作为测量空间大小的度量单位，因为它们的尺寸几乎始终为 91 厘米 × 182 厘米。榻榻米可以吸收噪音，降低人在房子里走动时的音量。

61

玄关

必备的庭院

庭院是日本传统房屋不可或缺的一部分，日本人甚至无法想象没有庭院的生活！即使最小的房子也必须为绿植和蓝天留一片空间。庭院象征着世界，这与佛教和神道教有着密切的联系，因为这些教义倡导人与自然的交流。建造庭院的初衷是希望神灵能够安息于此，因此庭院必须体现出和谐与宁静的氛围。

造景

想用几平方米的面积展示自然景观并不容易！为了使庭院看起来更宏伟，最大的元素通常被放置在前景中，而较小的元素在后面。一小块水体就代表一个湖泊，几块石头便充当山脉。

屋内优先

在西方，通常是先确定房屋的外部，根据外观来调整屋内的布局。在日本，情况恰恰相反！房子外观的设计要优先考虑内部空间的舒适度。

鸽笼房

在日本，三分之二的土地被群山和森林所覆盖，不适合建造房屋。因此，在剩下的三分之一面积中，必须要容纳1.27亿居民。在大城市里，可谓是寸土寸金。怎么办呢？为了拥有自己的房子，越来越多的日本人选择了迷你小屋：鸽笼房。有些鸽笼房只有1.7米宽！

63

烧杉板

烧杉板是日本的一种传统建筑技术，把用于建造房屋外墙的木材烧焦，使其碳化。这样处理过的木材防潮性和防暴晒性更强，还能防霉菌和虫子。令人惊讶的是，发生火灾时，用如此处理过的木材建成的房屋燃烧得慢得多！

奇特的房子

通过灵活地选择建房的地点、材料、角度或光线，可以打破常规，创造自己的居住方式。世界上有很多奇特的房子。

坚果屋

汤姆·查德利设计的坚果屋位于加拿大温哥华岛的一片森林中，这个木制球体就像一个悬挂的大坚果，被绳子绑在三棵大树中间，因此必须走螺旋楼梯才能进入。这所悬挂的房子配有一张床和一个迷你厨房，会随风和住户的移动而摆动，晕船的人最好不要尝试……

背包屋

现在我们知道了有悬挂在树上的小屋，那么能挂在建筑物上的小屋你见过吗？这正是德国人斯特凡·埃伯施塔特的大胆设想，他所设计的"背包屋"可以使一个小公寓的面积扩大。背包屋是一个 6.25 平方米的盒子，上面留有几个开口。安装只需几个小时，先用起重机将其吊到主楼侧边，然后用钢缆固定就可以了，而且，如果想搬家，还能把它带走！

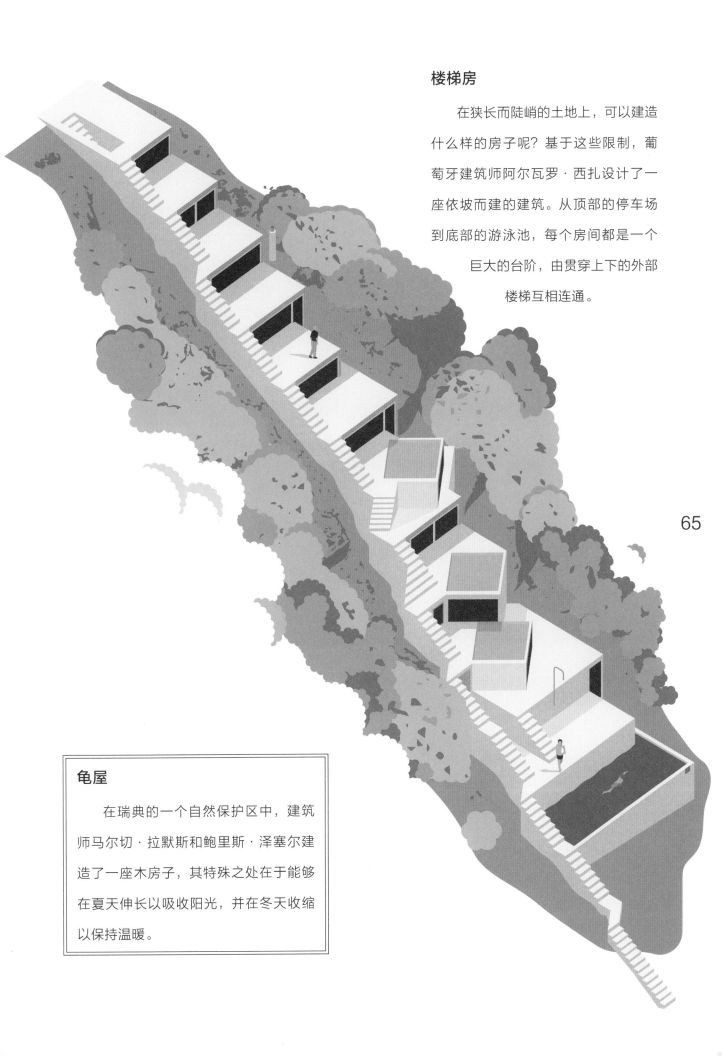

楼梯房

在狭长而陡峭的土地上，可以建造什么样的房子呢？基于这些限制，葡萄牙建筑师阿尔瓦罗·西扎设计了一座依坡而建的建筑。从顶部的停车场到底部的游泳池，每个房间都是一个巨大的台阶，由贯穿上下的外部楼梯互相连通。

龟屋

在瑞典的一个自然保护区中，建筑师马尔切·拉默斯和鲍里斯·泽塞尔建造了一座木房子，其特殊之处在于能够在夏天伸长以吸收阳光，并在冬天收缩以保持温暖。